Bibliografische Information der Deutschen Nationalbibliothek:

Die Deutsche Bibliothek verzeichnet diese Publikation in der Deutschen National-
bibliografie; detaillierte bibliografische Daten sind im Internet über http://dnb.d-
nb.de/ abrufbar.

Impressum:

Copyright © 2016 GRIN Verlag, Open Publishing GmbH
Druck und Bindung: Books on Demand GmbH, Norderstedt Germany
ISBN: 9783668315082

Dieses Buch bei GRIN:

http://www.grin.com/de/e-book/341696/therapieformen-bei-cannabisabhaengigkeit

Thomas Gansberger

Therapieformen bei Cannabisabhängigkeit

GRIN Verlag

THERAPIE BEI CANNABISABHÄNGIGKEIT

Von Thomas Gansberger

Klasse: 8S

BG/BRG St.Pölten

Abgabedatum: 12.02.2016

Abstract

Heutzutage hat nahezu schon fast jeder von der aktuellen Modedroge gehört. Die vorliegende Arbeit befasst sich mit der Droge Cannabis, welche zurzeit immer mehr an Kult gewinnt. Meine Arbeit handelt hauptsächlich von den unterschiedlichen Therapieformen die es bei Cannabisabhängigkeit gibt. Bevor jedoch näher auf die Therapieformen eingegangen wird, möchte ich die Pflanze an sich vorstellen und verschiedene Grundbausteine der Droge aufzählen, um dem Leser einen ordentlichen Überblick zu verschaffen. Des Weiteren vergleiche ich die Droge mehrmals mit Alkohol und anderen Drogen, um die Gefahr und die Folgeschäden von Cannabis aufzuzeigen. Ein Hauptaugenmerk wird auch auf die Abhängigkeit und die Prävention gelegt, welche einen wichtigen Platz in der Therapie einnehmen. Des Weiteren werde ich die verschiedenen Therapieformen vorstellen, welche den Patienten von der Cannabisabhängigkeit wegbringen sollen.

Inhaltsverzeichnis

1 Einleitung

Der Cannabiskonsum hat in der letzten Zeit, vor allem bei Jugendlichen, eine starke steigende Tendenz vorzuweisen. Doch auch bei den Erwachsenen gewinnt die Modedroge Cannabis immer mehr an Kult. Folge dessen befasst sich diese vorwissenschaftliche Arbeit hauptsächlich mit der illegalen Droge Cannabis und ihren Therapieformen. Nicht befasst habe ich mich mit der strafrechtlichen Lage von Cannabis sowie mit dem Anbau einer Cannabispflanze.

Im ersten Teil der Arbeit werde ich Grundlegendes über die Pflanze und die Droge Cannabis erläutern. Darauf aufbauend werde ich im zweiten Teil über den Konsum und die Abhängigkeit und hauptsächlich die Präventionsansätze erläutern. Schließlich beende ich meine Arbeit mit meinem abschließendem Kapitel: Therapie bei Cannabisabhängigkeit. Zu diesem Thema ist wenig bis kaum Literatur zu finden, wodurch ich dieses Kapitel, mehr als vorher vorgesehen, einschränken musste. Dennoch hat es einen großen Stellenwert und es ist mir wichtig, abschließend darauf einzugehen.

2 Grundlegendes über Cannabis

„Im Zusammenhang mit Rauschdrogen ist Cannabis die Oberbezeichnung für Haschisch und Marihuana, die beiden geläufigsten Zubereitungsformen der Droge" (Knutz 2012: S. 15). Cannabis hatte schon in der Geschichte einen besonders hohen Stellenwert. Seit Jahrtausenden wird die Pflanze zur Herstellung von Kleidung, als Nahrungs- und Heilmittel genutzt. Marihuana war so lange ein wichtiges Medikament in der Medizin bis es als illegale Droge eingestuft wurde. Konsumiert wurde es damals nur in kleinen Gruppen, doch mit der Zeit gibt es nur mehr wenige Jugendliche, die den Griff zum Joint verweigern. Woher genau die Pflanze stammt, ist nicht bekannt. Es wird vermutet, dass sie aus Zentralafrika oder aus dem Himalaja kommt. Auf Papier geschriebenes besagt sogar, dass Cannabis schon 4200 Jahre vor Christus für die Faserherstellung benutzt wurde. 1925 wurde Cannabis erstmals verboten. (vgl. Knutz 2012: S. 26) „Haschisch und Marihuana sollten in ihrer Gefährlichkeit der Bewertung von Opium, Morphium, Heroin und Kokain gleichgestellt werden" (Knutz 2012: S. 38). Cannabis ist heutzutage, vor allem unter den Jugendlichen, weit verbreitet. Es gewinnt immer mehr an Kult. Fast alle Cannabiskonsumenten fordern die Legalisierung, da es fast keine Gegenargumente gibt, Cannabis weiterhin zu verbieten. (vgl. Kobieter, 2005: S. 2) „Cannabis ist weltweit die am häufigsten konsumierte illegale Droge" (Kobieter 2005: S. 2).

2.1 Die Pflanze

Cannabis wird aus einer brennnesselähnlichen Pflanze, die aus der Familie der Cannabaceae stammt, gewonnen. Es gibt womöglich kaum ein Land, wo diese Pflanze nicht aufzufinden ist. Die Blätter der Pflanze verlaufen bis zum Ende hin sehr spitz und haben feine Drüsen aus welchen das Harz gewonnen wird. Die Cannabis-Pflanze wird bis zu 8 Meter hoch und weltweit fast in allen warmen Gebieten angebaut. Der Hauptwirkstoff der Pflanze ist das Delta-9-Tetrahydrocannabinol. Der THC-Gehalt gibt die Stärke der Wirkung an und liegt meist zwischen acht und zwanzig Prozent. Je höher er ist, desto stärker ist die Wirkung. (vgl. Knutz 2012: S. 7-8)

2.2 Die Arten von Cannabis

Generell gibt es drei Arten von Cannabis. Die Rede ist von Cannabis Indica, Cannabis Sativa und dem eher unbekannten Cannabis Ruderalis.

Cannabis Indica: Diese Art wird auch als indischer Hanf bezeichnet, da diese Sorten aus dem indischen Raum stammten. Auch Pflanzen aus Afghanistan werden Indica benannt. Die Pflanze selbst ähnelt einem Tannenbaum.

Cannabis Sativa: In diese Gruppe fallen eigentlich alle Sorten, die nicht zur Gruppe der Cannabis Indica gehören, somit nicht in Afghanistan angebaut werden. Cannabis Sativa ist die bekannteste Art und deshalb auch weltweit verbreitet. Dieser Hanf kann bis zu 5 Meter hoch werden und besitzt nebenbei die größten Blätter.

Cannabis Ruderalis: Dieser Hanf ist der Kleinste von den drei aufgezählten. Die Pflanze wird maximal 60cm hoch und hat kleine Blätter. Auch der THC-Gehalt ist sehr gering, wodurch dieser Hanf sehr unbekannt und auch selten vorzufinden ist. Er stammt vermutlich aus Russland und ist heute fast nur in Gebieten Asiens zu finden. (vgl. Knutz 2012: S. 15)

2.3 Cannabispräparate

Die Blüten und Blätter der weiblichen und männlichen Cannabispflanze werden, nachdem sie getrocknet und gepresst wurden, Marihuana genannt. Der Wortursprung „Marihuana" ist nicht eindeutig nachweisbar. (vgl. Kleiber/Kovar 1997: S. 15)

> „Sie könnte aus dem indischen Wort *Malihua* (das Individuum wird von der Droge gefangengehalten), aus dem portugiesischen *Maranguano* (der Berauschte) oder aus dem spanischen Maria und Don Juan bzw. Dona Juanita abgeleitet werden" (Kleiber/Kovar 1997: S. 15).

„In der Drogenszene wird Marihuana u. a. als Gras, Heu, Grass, Kif oder Pot bezeichnet" (Kleiber/Kovar 1997: S. 15). Das Harz, das aus den Drüsenschuppen der Cannabispflanze gewonnen wird, wird Haschisch genannt. Dies kann auch gegessen oder in Getränken aufgekocht werden. Es wird meist verwendet, um auch dem Nichtraucher die Wirkung des Cannabis zu verschaffen, da Marihuana besser für das Rauchen geeignet ist. Nebenbei gibt es aber auch noch das Haschischöl. Es wird auch Cannabisharzextrakt genannt, das aus dem Harz durch Destillation oder anderen Formen gewonnen wird. Eingenommen werden diese Präparate meist durch die Atemwege. Ein Beispiel dafür ist der Joint, ein Gemisch aus Tabak und Marihuana oder Haschisch. Der Joint wird geraucht und hat eine Ähnlichkeit mit einer Zigarette. Eine weitere Methode, Cannabis anhand der Inhalation zu sich zu nehmen ist das Rauchen durch verschiedene Arten von Pfeifen. Das Öl kann auch auf eine Zigarette aufgetragen werden, um einen Cannabisrausch zu bekommen. Diese Methoden sind die beliebtesten, da beim Inhalieren die Wirkung des Cannabis größten Wert hat. (vgl. Kobieter 2012: S. 4-5)

3 Wirkung von Cannabis

Die Wirkung von Cannabis hängt immer von der Menge ab, die zu sich genommen wird. Es dauert jedoch nur ein paar Minuten bis sie eintritt und kann sich über vier Stunden hinausziehen. Konsumiert man eine hohe Menge, so kann zum Beispiel Übelkeit, Erbrechen, Schwindel und Reizhusten auftreten. Das Konsumieren einer geringeren Menge ruft meist eine milde Sedation und Euphorie hervor. Bei zu hoher Menge und starkem Konsum kann der Konsument unter Wahrnehmungs- und Zeitstörungen bis hin Verwirrungen, Halluzinationen, Übelkeit, Reizhusten und anderen gesundheitlichen Schäden leiden. Konsumiert man Cannabis zum ersten Mal, zeigt es meist jedoch keine Wirkung außer eventuell Übelkeit und Erbrechen. (vgl. Kleiber/Kovar 1997: S. 19)

3.1 Subjektive Symptome

„Unter den subjektiven Symptomen sind akustische und optische Wahrnehmungsänderungen am häufigsten" (Kleiber/Kovar 1997: S. 20). Die akustische Wahrnehmung überwiegt aber stärker. Das Gehör wird verstärkt, so werden Sachen gehört, welche im nüchternen Zustand meist gar nicht wahrgenommen werden. Auch Farben werden nach dem Cannabiskonsums anders wahrgenommen. Der Kontrast verstärkt sich, die Farben können lebendiger, deutlicher und frischer sein. Im Rauschzustand wird auch Licht vermieden, da meist die Lichtempfindlichkeit steigt. Nebenbei lässt die Konzentrationsfähigkeit nach und die Gedächtnisleistung sinkt unter Einfluss von Cannabis. Das Kurzzeitgedächtnis wird im Gegensatz zum Langzeitgedächtnis auch angegriffen. Für den Konsumenten scheint die Zeit kaum zu vergehen. (vgl. Kleiber/Kovar 1997: S. 20) „Unter Cannabiseinfluß werden 5 Minuten auf 10±2 Minuten geschätzt (Weil, Zinberg und Nelson, 1968)" (Kleiber/Kovar 1997: S. 20). Der Konsument kann sich öfters schwer ausdrücken und vergisst, was er sagen wollte oder was er gerade gehört hat. Der Grund dafür ist wahrscheinlich das unter Cannabiseinfluss geschwächte Kurzzeitgedächtnis. Nebenbei lässt auch die Aufmerksamkeit nach, man kommt schnell auf andere Gedanken und ist leicht ablenkbar. Das kognitive Vorhaben kann somit unwillkürlich nicht mehr eingehalten werden. Nach dem Konsum verändert sich zwar die Körpertemperatur nicht, jedoch werden Wärme- oder Kälteunterschiede intensiver wahrgenommen, da die unterschiedlichsten Temperaturempfindungen auftreten. Außerdem wird das Hunger-Gefühl gesteigert, sodass Essattacken auftreten können. (vgl. Kleiber/Kovar 1997: S. 20)

4 Entzugssymptome

Nach dem Absetzen der Droge Cannabis können natürlich auch Entzugserscheinungen auftreten. Jedoch nicht so stark wie bei anderen Drogenabhängigkeiten wie zum Beispiel Alkohol. Vor der Therapie werden die Symptome dem Patienten meist mitgeteilt, sodass sie bei intensivem Ausmaß medikamentös gelindert werden können.

Typische Symptome nach einer Cannabisabhängigkeit:

- „Gereiztheit und Aggressivität
- Appetitlosigkeit und Gewichtsverlust
- Nervosität und Unruhe
- Angst
- Schlafprobleme mit wirren Träumen
- Schüttelfrost
- Depressionen
- Magenprobleme, Übelkeit und Erbrechen
- Kopfschmerzen
- Schwitzen"

(Wenn da nicht diese Entzugserscheinungen wären. 2009).

Viele vermissen das Kiffen nicht nur wegen der negativen Entzugssymptome, sondern auch wegen des vermissenden Gefühls „high" zu sein. Die vorher angegebenen Symptome treten ungefähr 48 Stunden nach dem letzten Joint auf. Die schlimmste Phase kommt nach circa fünf Tagen, wenn die Symptome richtig einsetzen. Nach ungefähr zwei Wochen verschwinden sie in den meisten Fällen wieder. (vgl. Wenn da nicht diese Entzugserscheinungen wären. 2009)

5 Sucht und Abhängigkeit

Das Wort „Sucht" wird im deutschen Sprachgebrauch nicht unbedingt als Fremdwort angesehen. Doch eigentlich hat es einen interessanten Ursprung. „Der Bergriff der Sucht kommt ursprünglich aus der germanischen Heilkunde und bedeutet dort `Krankheit`" (Mayer 1987: S. 85). Unter einer Sucht versteht man das regelmäßige Verlangen nach etwas Bestimmten, Dies kann bewusst oder unbewusst sein. Die Weltgesundheitsorganisation beschrieb die Sucht mit folgenden Punkten:

> „1.) Der Wunsch oder Zwang, die Einnahme eines Mittels fortzusetzen und sich dieses unter allen Umständen zu beschaffen.
> 2.) Die Tendenz der Drogenmenge zu steigern.
> 3.) Die psychische und manchmal auch physische Abhängigkeit von der Wirkung des Mittels.
> 4.) Erwachsende Gefahren für Individuum und Gesellschaft" (Mayer 1987: S. 85).

Cannabis kann laut der World Health Organization nur eine mäßig starke Abhängigkeit erzeugen. Dass es eine physische Abhängigkeit gibt ist noch nicht wirklich festgestellt worden. Es ist jedoch festgestellt worden, dass bei Langzeitkonsumenten von Cannabis eine Toleranzentwicklung entsteht. Diese entwickelt sich aber meist nur, wenn mehrmals eine große Menge Cannabis konsumiert. Diese Erscheinungen treten bei unregelmäßigem Konsum nicht auf. Hier kann es höchstens zu einer leichten Gewöhnung kommen. Über die Toleranz von Cannabis ist man sich noch unklar. Es erscheinen immer wieder Berichte, die es widersprechen. Bei einem Versuch wurde die Toleranz bei Freiwilligen untersucht und es wurde keine Veränderung festgestellt. Somit ist die Steigerung der Dosis nach mehrmaligen Konsum nicht notwendig. (vgl. Mayer 1987: S. 85)

Bis heute gibt es zwei ausführliche Diagnosesysteme für psychische Krankheiten. Eines davon ist die internationale Klassifikation psychischer Störungen, abgekürzt ICD-10, welches zum Beispiel in Deutschland für die Erkennung der Suchtmittelabhängigkeit benutzt wird. Andere Länder benutzen hingegen „Diagnostische und Statische Manual Psychischer Störungen" kurz DSM-IV genannt. (vgl. Kuntz 2012: S. 112)

Ein Abhängigkeitssyndrom tritt laut ICD-10 dann ein, wenn drei oder mehr dieser aufgelisteten Punkte auf den Konsumenten zutreffen:

„1. Ein starker Wunsch oder eine Art Zwang, psychotrope Substanzen zu konsumieren.
2. Verminderte Kontrollfähigkeit bezüglich des Beginns, der Beendigung und der Menge des Konsums.
3. Ein körperliches Entzugssyndrom bei Beendigung oder Reduktion des Konsums, nachgewiesen durch die substanzspezifischen Entzugssymptome oder durch die Aufnahme der gleichen oder einer nahe verwandten Substanz, um Entzugssymptome zu mildern oder zu vermeiden.
4. Nachweis einer Toleranz. Um die ursprünglich durch niedrigere Dosen erreichten Wirkungen der psychotropen Substanz hervorzurufen, sind zunehmend höhere Dosen erforderlich.
5. Fortschreitende Vernachlässigung anderer Vergnügungen oder Interessen zugunsten des Substanzkonsums, erhöhter Zeitaufwand, um die Substanz zu beschaffen, zu konsumieren oder sich von den Folgen zu erholen.
6. Anhaltender Substanzkonsum trotz Nachweis eindeutiger schädlicher Folgen, wie z.B. Leberschädigung durch exzessives Trinken, depressive Verstimmungen infolge starken Substanzkonsums oder drogenbedingte Verschlechterung kognitiver Funktionen. Es sollte dabei festgestellt werden, dass der Konsument sich tatsächlich über Art und Ausmaß der schädlichen Folgen im Klaren war oder dass zumindest davon auszugehen ist" (Kuntz 2012: S. 113).

Im DSM-IV-TR hingegen müssen drei der folgenden Punkte zutreffen:

„1. Toleranzentwicklung, definiert durch eines der folgenden Kriterien:
  a) Verlangen nach ausgeprägter Dosissteigerung, um einen Intoxikationszustand oder erwünschten Effekt herbeizurufen,
  b) Deutlich verminderte Wirkung bei fortgesetzter Einnahme derselben   Dosis.
2. Entzugssymptome, die sich durch eines der folgenden Kriterien äußern:
a) Charakteristisches Entzugssyndrom der jeweiligen Substanz,
b) dieselbe (oder eine sehr ähnliche) Substanz wird eingenommen, um Entzugssymptome zu lindern oder zu vermeiden.
3. Die Substanz wird häufig in größeren Mengen oder länger als beabsichtigt eingenommen.
4. Anhaltender Wunsch oder erfolglose Versuche, den Substanzgebrauch zu verringern oder zu kontrollieren.
5. Viel Zeit für Aktivitäten, um die Substanz zu beschaffen, sie zu sich zu nehmen oder sich von ihren Wirkungen zu erholen.
6. Wichtige soziale, berufliche oder Freizeitaktivitäten werden aufgrund des Substanzgebrauchs aufgegeben oder eingeschränkt.
7. Fortgesetzte Substanzgebrauch trotz Kenntnis eines anhaltenden oder wiederkehrenden körperlichen oder psychischen Problems, das wahrscheinlich durch die Substanz verursacht oder verstärkt wurde." (Kuntz 2012: S. 113-114)

6 Konsum

6.1 Ursachen und Motive

Gründe Cannabis zu konsumieren gibt es wahrscheinlich mehr als Cannabiskonsumenten selber. Eines steht fest: Nicht jeder Mensch, der Rauschgift zu sich nimmt, hat mit Problemen zu kämpfen oder ist unglücklich mit seinem Leben. (vgl. Kuntz 2012: S. 137)

„Wer mit dem Finger auf Nachbars Uwe zeigt, der Drogen nimmt, sollte sich Gedanken über die restlichen vier Finger der Hand machen, die auf ihn selbst zurückweisen" (Kuntz 2012: S. 137).

Viele, von der Gesellschaft als Kranke und Gestörte eingeschätzte Cannabiskonsumenten führen ein gesünderes Leben als jene, die kein Cannabis konsumieren. Die folgenden aufgelisteten Gründe sind die häufigsten bekannten Motive für Cannabiskonsum. Viele der Konsumenten werden sich bei den folgenden Punkten an manche Situationen ihrer Vergangenheit zurückerinnern, da sie eventuell dasselbe Motiv gehabt haben. (vgl. Kuntz 2012: S. 137) Eventuell können einige aus den folgenden Erfahrungen profitieren:

- Ein Hauptmotiv, weshalb Cannabis konsumiert wird, ist auf jeden Fall der Spaßfaktor, den der Konsum mit sich bringt. Man genießt das Leben und lächelt über jeden so unlustigen Witz. Dieses Motiv haben nicht nur Teenager sondern auch ältere Menschen, die sich durch den Konsum eine Auszeit nehmen möchten. Viele davon behaupten, dass sie nur „Just for fun" kiffen. Wenn man diese Leute jedoch näher betrachtet und mehr von ihren Lebensweißen erfährt, merkt man, dass sich diese Aussage manchmal widerspricht. Für viele ist das Kiffen keine Auszeit mehr vom stressvollen Alltag, sondern ihr Highlight im Alltag. Tritt dieser Fall ein, ist es Zeit sich Hilfe zu suchen.

- Andere Cannabiskonsumenten wollen einfach eine Zeit weg vom alltäglichen Leben. Sie erwarten sich ein sogenanntes Traumland, welches sie nach dem Rauchen betreten. Das Rauchen fängt mit einem Joint an und endet mit der Bong, bei der die

Wirkung viel intensiver und stärker ist. Meistens führt das zur Abhängigkeit und zu Gefühlen von Stolz bis zu Selbstmitleid. (vgl. Kuntz 2012: S. 137-144) Wie Armon Barth in seinem Buch „Meine Leben als Kiffer" beschreibt:

> „Es frustriert mich, von der Droge abhängig zu sein und nichts dagegen tun zu können, außer weiter zu kiffen. Andererseits finde ich es schön, mich gehen zu lassen, in der Droge zu versinken und vollkommen in die breite Erlebniswelt einzutauchen. Nur durch sie gelange ich in diesen meditativen Zustand, der mir wahres Glück beschert" (Kuntz 2012: S. 144).

Das Kiffen macht ihn glücklich. Er schreibt, als wäre das Kiffen wie ein Flugticket in eine andere Welt, in der es keine Verpflichtungen gibt.

- Eine weitere Ursache ist der Gruppenzwang. Wenn man als einziger, egal ob Junge oder Mädchen, bei seiner Clique ist und keinen einzigen Zug vom Joint nimmt, wird man oft ausgeschlossen. Deshalb überwinden sich Manche und konsumieren auch Cannabis. Viele machen das nur ein paar Mal, bis es schließlich zur Gewohnheit wird. Sie treffen sich dann nur mehr um zu kiffen und das nur weil ihnen langweilig ist. Auch bei Partnerschaften kommt das häufig vor. Eine 16-jährige Schülerin lernte das Kiffen nur durch ihren Freund kennen. Sie kiffte anfangs nur selten mit, nach Wochen jedoch immer häufiger, bis der Konsum zum täglichen Ritual wurde. Das Mädchen fühlte sich nicht mehr wohl in der Beziehung weil diese durch den Konsum nicht mehr real und ehrlich für sie war. Mit Hilfe von Freunden und Familie hat sie es geschafft und ihren Freund verlassen. Es ergeht jedoch nicht allen jungen Frauen so. Oft bekommen sie wenig Unterstützung von außen und werden mit dem Problem alleine gelassen. (vgl. Kuntz 2012: S. 145-147)

Weitere Motive, warum Cannabis konsumiert wird wären das steigernde Selbstbewusstsein im Rauschzustand oder auch das Gefühl der Hilflosigkeit. Diese Motive sind jedoch geringer, bzw. treten sie alleine auf, weshalb ich nicht näher darauf eingehen möchte. (vgl. Kuntz 2012: S. 152-157)

6.2 Konsumentengruppen

Aufgrund der verschiedenen Lebenslagen, werden die Konsumenten oft in spezifische Gruppen eingestuft. In den folgenden Punkten erläutere ich ein paar von diesen Konsumentengruppen.

- Zu Beginn möchte ich den sogenannten „Probierer" vorstellen. Meistens plant dieser erst gar nicht den Griff zum Joint. Er macht das spontan und unvorbereitet. Der Probierkonsument kennt das Rauschgefühl nur von Erzählungen und möchte endlich selbst erfahren wie es sich anfühlt Marihuana zu konsumieren. Diese Gruppe ist nicht so problematisch, da sich die meisten Erstkonsumenten sowieso nicht länger mit Cannabis auseinandersetzen. Der Grund dafür ist meist die nicht so aufregende Wirkung, welche Erzählungen versprechen. (vgl. Kuntz 2012: S. 121-122)

- Nach dem Erstgebraucher kommt der Gelegenheitskiffer. Diese Gruppe ist schwer zu erkennen, da ihr Verhalten gegenüber Drogen nicht eindeutig erkennbar ist und die unterschiedlichsten Typen dieser Gruppe angehören. (vgl. Kuntz 2012: S. 123)
  Er raucht fast täglich, manchmal auch öfters pro Tag Marihuana. Die abhängigen Gewohnheitskiffer denken gar nicht erst darüber nach, weshalb sie kiffen oder nicht kiffen sollten. Es gibt eine Gruppe, die den Cannabiskonsum als kein ernsthaftes Problem in ihrem Leben sieht, was sie auch von der Außenwelt als richtig bestätigt bekommen. Neben dieser Gruppe gibt es aber auch jene, die selbst zwar behaupten kein Problem mit dem Rauschgift zu haben, ihre Mitmenschen aber anderer Meinung sind. Ein Beispiel dafür ist der 16-jährige Junge, der behauptet er könnte sofort aufhören, wenn er wolle. Er kifft täglich in den großen Pausen in seiner Schule. Bei Schlechtwetter steht er immer alleine im Schulhof. Dieser Junge hält es in der Schule ohne Cannabis einfach nicht mehr aus. Er selbst würde das nie zugeben, seine Mitschüler bemerken aber dass er ein ernsthaftes Problem hat und der Konsum definitiv ein Problem in seinem Leben ist. Diese Gruppierung von Gewohnheitskiffern ist meist stolz auf ihr Konsumverhalten und verheimlicht dies gar nicht erst vor anderen Mitmenschen, so wie der Junge in der Schule. (vgl. Kuntz 2012: S. 124-126)

- Eine weitere Gruppe ist der Freizeitkonsument, der nur das Rauschgefühl genießt, den Konsum nicht übertreibt und in seinem Leben alles unter Kontrolle hat, wie die Droge selber. Weiteres gibt es noch den Individualisten, der meistens im Alleingang und auch eher selten Cannabis konsumiert. Derjenige ist sehr erfahren und weiß mit der Droge umzugehen, deshalb braucht man sich keineswegs Sorgen um ihn machen. (vgl. Kuntz 2012: S. 129-133)

Nicht alle Kiffer treffen auf eine dieser genannten Gruppen zu. Es soll auch keiner in einen dieser „Töpfe" geworfen werden. Jeder Kiffer hat das Recht ein eigenes Gesicht zu erhalten, da keiner dieselbe Lebensgeschichte hat und alle auf eine Weiße unterschiedlich sind.

7 Folgeschäden

7.1 Langfristige Folgen

„Langfristiger Cannabiskonsum ist mit psychischen, sozialen und körperlichen Risiken verbunden" (Cannabis – Wirkung, Nebenwirkungen und Risiken. o.J.)

Diese Behauptung wird immer wieder in Frage gestellt. Heutzutage ist noch nicht wirklich bewiesen worden, dass bei Cannabiskonsum Psychosen auftreten können. Das Risiko der gefährdeten Menschen, die für die jeweilige Krankheit anfällig sind, wird bei Cannabiskonsum keinesfalls kleiner als bei abstinenten Menschen. Dass Cannabiskonsum auch derartige Hirnschäden wie zum Beispiel bei Alkoholkonsum aufweisen kann, ist jedoch nicht der Fall. (Cannabis – Wirkung, Nebenwirkungen und Risiken. o.J.)

> „Neue Erkenntnisse gibt es mittlerweile zum "Amotivationalen Syndrom". Mit diesem etwas sperrigen Begriff beschrieben Suchtexperten eine angebliche Tendenz zu sozialem Rückzug und zunehmender Gleichgültigkeit gegenüber Alltagsangelegenheiten bei anhaltendem Cannabiskonsum" (https://www.tk.de/tk/andere-suechte/cannabis/probleme/165040; zul. zugegriffen: 07.02.2016).

Kurzzeitig kann nach dem Konsum eine sogenannte toxische Psychose in Form von „Desorientiertheit, Halluzinationen, Depersonalisierung (gestörtes Ich-Gefühl) und paranoide Symptome" (Cannabis – Wirkung, Nebenwirkungen und Risiken. o.J.) ausgelöst werden.

Normalerweise klingen diese Symptome nach ein paar Tagen wieder ab und zeigen keine Folgeschäden. Da es vermutlich keine Cannabispsychose gibt, ist die Rede von einer Krankheit namens Schizophrenie, die bei Cannabiskonsumenten immer öfters vorkommt.
Es ist aber nicht bekannt, ob diese Krankheit auch ohne dem Cannabiskonsum beim Erkrankten aufgetreten wäre (Cannabis – Wirkung, Nebenwirkungen und Risiken. o.J.).

„Man geht davon aus, dass es Personen gibt, die vulnerabel (anfällig) sind für die Erkrankung an Schizophrenie, und dass Cannabis die latente (verborgene) Psychose zum Vorschein bringen kann" (Cannabis – Wirkung, Nebenwirkungen und Risiken. o.J.)

Diese Krankheit bricht meist zwischen dem fünfzehnten und dem dreißigsten Lebensjahr aus. Eine Gefährdung liegt bei circa einem Prozent der Bevölkerung. Es sind mehr Menschen, die unter Schizophrenie erkrankt sind, Cannabiskonsumenten, als nicht Cannabiskonsumenten.

„Jedoch haben Studien ergeben, dass der Krankheitsverlauf dadurch eher ungünstig beeinflusst wird und mehr Rückfälle (erneute psychotische Schübe) zu verzeichnen sind, als bei Abstinenten" (Cannabis – Wirkung, Nebenwirkungen und Risiken. o.J.).

7.2 Körperliche Folgeschäden

Da Cannabis oft in Kombination mit Tabak geraucht wird, verschlechtern sich die Atemwege und das Risiko an Lungenkrebs zu erkranken ist gestiegen. Hinzu kommt, dass der Rauch von Cannabis krebserregender ist, als der bei Tabak.

„Auswirkungen des Cannabiskonsums in der Schwangerschaft sind hingegen weiterhin umstritten. Auch für den Einfluss von Cannabis auf Hormon- und

Immunsystem fehlen eindeutige Belege" (Cannabis – Wirkung, Nebenwirkungen und Risiken. o.J.)

8 Präventionsansätze

8.1 Drei Säulen der Prävention

Unter Prävention ist grundsätzlich die Verhütung oder Früherkennung von Krankheiten zu verstehen. Heutzutage wird der Umgang mit psychotropen Mitteln immer ernster genommen, da diese Substanzen in der Gesellschaft noch nie so anerkannt waren wie in der heutigen Zeit. Der Erstkonsument, auch genannt „Probierer" wird nahezu von jedem toleriert, jedoch sind es nur Wenige, die nach kurzer Zeit den Griff zum Joint wieder verweigern. Immer mehr versuchen ihre Probleme mit psychotropen Substanzen auszugleichen, natürlich erfolglos. Prävention steht deshalb in der Thematik Drogenkonsum an erster Stelle. (vgl. Kobieter 2005: S. 16)

Drei Säulen der Prävention:

„1. Primärprävention zeigt soziale Arbeit vorbeugend Strategien auf, wie man verantwortungsvoll mit dem Konsum psychotroper Substanzen umgeht (reflektierter Umgang mit dem Konsum), ohne sich selbst durch den Konsum gesundheitlich zu gefährden;

2. Sekundärprävention zielt darauf ab, Menschen, die aufgrund anderer Dispositionen als suchtgefährdet einzustufen sind, Hilfen anzubieten beispielsweise in Krisensituationen;

3. Tertiärprävention wendet sich dem Konsumenten zu, welche das Hilfesystem, aus welchen Gründen auch immer, nicht rechtzeitig erreicht hat und gibt Hilfestellung für Suchtkranke wie z.B. Behandlung, Nachbetreuung und Überlebenshilfen" (Kobieter 2005: S. 16).

8.2 Primärprävention

Es ist klar, dass sich bei langfristigem Konsum von psychotropen Substanzen meist eine Abhängigkeit entwickelt. Aus diesem Grund versucht man das Risiko, drogenabhängig zu werden, zu senken indem man gar nicht erst zulässt, jemanden etwaige Substanzen konsumieren. (vgl. Kobieter 2005: S. 17)

> „Primäre Suchtprävention richtet sich also an (noch) nicht konsumierende Personen, die demzufolge noch keinerlei Missbrauchs- oder Suchtsymptomatik vorweisen" (Kobieter 2005: S. 17).

Normalerweise greift der Erstkonsument schon in seinem Jugendalter zum ersten Mal zu illegalen Substanzen. Hauptsächlich richtet sich deshalb die primäre Prävention auf diese Zielgruppe. Die benötigten Gebrauchsmuster werden selbst von Jugendlichen, die legale oder illegale Substanzen zu sich nehmen, erforscht. Die Drogenkonsumgewohnheiten sind bei Jugendlichen sehr stark ausgeprägt und schwanken zwischen dem völligem Verzicht und dem regelmäßigem Konsum von illegalen Substanzen. Da das Konsumieren von illegalen Substanzen meist schon vor dem Erwachsen werden eintrifft, kann das fatale Folgen haben, da sich der Jugendliche noch in seiner Entwicklung befindet. (vgl. Kobieter 2005: S. 17) Wie hier festgestellt wird:

> „In dieser Zeit können schädliche Gewohnheiten ausgebildet werden und somit der Grundstein für Einschränkungen in der körperlichen, psychischen und sozialen Entwicklung gelegt werden. Die Fokussierung auf Jugendliche zur Förderung von Gesundheit, zur Verhinderung von Krankheiten und Risikoverhalten wird übereinstimmend als sinnvoll erachtet, da gerade im Jugendalter gesundheits- sowie krankheitsrelevante Verhaltensmuster und Lebensweisen erworben und in das langfristig stabile Verhaltensrepertoire übernommen werden" (Kobieter 2005: S. 17-18).

Die Primärprävention versucht deshalb schon vor dem Eindringen eines Konsummusters mit präventiven Maßnahmen den Jugendlichen vom Drogenkonsum abzuhalten. Dies gelingt nicht immer, aber schon das Hinauszögern des erstmaligen

Konsums ist ein Erfolg. Es ist nämlich von Bedeutung, wenn jemand längerfristig seine Drogenfreiheit sicherstellen kann. Deshalb konzentriert sich die Primärprävention hauptsächlich auf jüngere Personen, meist zwischen dem zwölften und achtzehnten Lebensjahr, die eine Abstinenz zu Drogen vorweisen können. Das erste Hauptproblem bei dem die Suchtvorbeugung ansetzen möchte, ist das nicht vorhandene Wissen der negativen Konsequenzen des Konsums von illegalen Substanzen. Durch Kampagnen wird versucht diese Wissenslücken zu beseitigen und somit die Prozentzahl an Jugendlichen, die vorhaben Drogen zu konsumieren, zu verringern. Meist wird bei den Kampagnen die schlimmste Konsequenz dargestellt, sodass die Jugendlichen ein schreckliches Bild von den Folgen des Konsums bekommen und sie dadurch keineswegs auf die Gedanken kommen, illegale Substanzen zu sich zu nehmen. (vgl. Kobieter 2005: S. 18)

> „Verhaltensbestimmendes Bewusstsein sollte mithilfe meist abschreckender Informationen über die mit dem Substanzgebrauch einhergehenden Nachteile für die physische, psychische und soziale Gesundheit geschaffen werden" (Kobieter 2005: S. 18).

Später konzentriert sich die Suchtverbeugung individuell auf Personen mit bestimmten Defiziten, die sie vernichten möchten. Oft fehlt diesen Menschen Selbstvertrauen. Sie fühlen sich einsam, da sie auch oft keiner Gruppe angehören. Deshalb wagen sie den Griff zu Drogen. Es wird versucht diese Zielgruppe mit spezifischen kompetenzförderlichen Mitteln zu „heilen".

Oft zeigt sich aber auch, dass die Präventionsmaßnahmen, welche zur Abstinenz führen sollen, bei Jugendlichen, die schon Erfahrungen mit Drogen gemacht haben, keinen Erfolg bringen. Eine Standarddrogenprävention hilft deswegen nicht, weil die Jugendlichen komplett andere Ansichten bezüglich einer Droge haben. Jeder hat eine andere Erfahrung mit illegalen Substanzen gemacht und auch eine andere Meinung darüber, welche bei einer Standarddrogenprävention nicht berücksichtigt wird. (vgl. Kobieter 2005: S. 18-19)

> „Somit erscheint eine auf Abstinenz ausgerichtete Drogenprävention bereits experimentierten Jugendlichen als unrealistisch und wirkt möglicherweise sogar

kontraproduktiv, da dadurch die Glaubwürdigkeit der Prävention als Ganzes herabgesetzt wird" (Kobieter 2005: S. 19).

8.3 Sekundärprävention

Die Sekundärprävention bezieht sich auf Jugendliche, die bereits Drogen konsumiert haben, sich aber noch im Frühstadium des Konsums befinden. Zuerst soll die Krankheit entdeckt und anschließend durch Präventionsmaßnahmen verhindert oder verzögert werden. Da weltweit die Prävention bei Jugendlichen Wirkung zeigt, setzt man heutzutage gezielt mehr auf die Sekundärprävention. Es wurde erforscht, dass die Primärprävention immer mehr an Bedeutung verliert. Es scheitert nämlich am Geld, da es viel zu aufwendig und kostspielig ist, primärpräventive Maßnahmen flächendeckend durchzuführen. Die Sekundärprävention bezieht sich nur gezielt auf die gefährdeten Drogenkonsumenten, bei denen ein Risiko zur Abhängigkeit besteht. (vgl. Kobieter 2005: S. 20)

> „Sekundäre Prävention versucht mit Hilfe von Maßnahmen der Früherkennung oder Frühintervention problematischen Konsum zu identifizieren und negative Konsumkonsequenzen zu reduzieren. Die Risikogruppe der gefährdet Gebrauchenden ist demnach die Zielpopulation der sekundärer Prävention" (Kobieter 2005: S. 20).

Speziell werden Jugendliche behandelt, die noch keine Krankheit vorweisen, aber ein Risiko zum Drogenkonsum vorweisen. Der Aufgabenkreis der Sekundärprävention liegt darin, die Gefährdeten zu identifizieren. Es soll herausgefunden werden ob der Betroffene ein harmloser Konsument ist oder der Risikogruppe angehört, die ein riskantes Konsummuster vorweisen. Ein riskanter Konsum bezeichnet das Vorstadium zum Missbrauch oder zur Abhängigkeit, welcher sich nicht ausschließlich durch körperliche Symptome zeigen lässt. Deswegen muss man sich von jedem einzelnen Betroffenen ein Bild machen. Es muss klar sein wie oft und wie viel konsumiert wird. Das sind Faktoren die entscheidend sind, ob der Jugendliche zum riskanten Konsum neigt oder nicht. Der erste Schritt der Sekundärprävention bezieht sich deshalb auf die

Früherkennung, wodurch sich die verschiedenen Konsummuster der Jugendlichen unterscheiden lassen können. (vgl. Kobieter 2005: S. 21)

Nach Kobieter gestaltet sich die Sekundärprävention folgendermaßen:

„1. Prosoziale Interventionen, um Risiko- und Problemverhalten zu verringern,

2. Drogenerziehung zur Verhinderung des Einstiegs („Gateway") in riskanten Gebrauch,

3. gruppen- und gemeindebezogene Handlungen zur Stabilisierung des sozialen Netzwerks,

4. schulische Angebote zur Stärkung der schulischen Verbindlichkeiten und

5. Trainings für Eltern zur Entwicklung des Verständnisses über Risiko- und protektive Faktoren für Drogenmissbrauch

6. Verhaltensbezogene Maßnahmen zur Umgestaltung von Drogenangebot und –nachfrage." (Kobieter 2005: S. 21).

Jedoch hat das noch kaum jemand erforscht, es gibt kaum Aufzeichnungen, wo eine solche Sekundärprävention bei Jugendlichen in der Praxis durchgeführt wurde (vgl. Kobieter 2005: S. 21). „Es überrascht doch sehr, dass in der Literatur kaum Ansätze zur Prävention bei Risikogruppen beschrieben werden" (Schmidt 1998: S. 18). In Amerika ist die Forschung schon weiter entwickelt, da zum Beispiel die USA 1986 festlegte, verstärkt mit gefährdeten Jugendlichen zu arbeiten. (vgl. Kobieter 2005: S. 21)

8.4 Tertiärprävention

Die Tertiärprävention bezieht sich auf Personen, die schon eine manifeste Krankheit oder Behinderung haben und versucht das Leben des Erkrankten positiv zu beeinflussen und keineswegs gesundheitlich zu verschlechtern. Typische Dinge die eine Tertiärprävention beinhaltet sind die Rehabilitationsmaßnahmen und die Rückfallprophylaxe. Es werden Methoden aus dem Bereich der Konsumreduktion und der Schadensbegrenzung genommen. Bei Rehabilitationsmaßnahmen ist das Ziel die Wiederherstellung des Erkrankten im physischen und psychischen Bereich. Die Rückfallprophylaxe beschreibt die Vorbeugung eines Rückfalles. Die erste Rehabilitationsmaßnahme ist die Reduktion von der Menge und Häufigkeit der

Einnahme einer illegalen Substanz. Die negativen Folgeschäden durch den Konsum werden durch diese Methoden versucht zu minimieren. Da es fast unmöglich ist bei dieser Prävention einen Patienten völlig abstinent zu machen, steht die Schadensbegrenzung, im Vordergrund. (vgl. Kobieter 2005: S. 22)

„Von vielen Experten wird mittlerweile das Konzept zur Schadensbegrenzung favorisiert, da es pragmatischer, integrativ wirksam und weniger verurteilend ist" (Kobieter, 2015: S. 22).

Um die Drogensucht zu verringern gibt es heutzutage vielseitige Angebote. Es existieren spezifische Therapien, welche dem Suchterkrankten helfen, sich zu Entgiften und Drogenfrei zu werden. Eine Abhängigkeit hat viele fatale Folgen. Drogensucht schadet nicht nur dem Körper. Das sind nur ein paar Probleme die ein Drogenabhängiger mit sich bringen kann. (vgl. Kobieter 2005: S. 23)

> „Auf der Grundlage dieser Problemlagen werden medizinische Basisversorgung, Kontaktläden, Unterstützungsangebote bei Wohnraumbeschaffung, Schuldnerberatung, juristische Beratung oder Leistungen der Berufsbeförderung zur Verfügung gestellt" (Kobieter 2005: S. 23).

In Europa wird die tertiäre Prävention speziell nur bei stark abhängigen Erwachsenen eingesetzt. In den USA ist die Versorgung für alle Drogensüchtigen schon fortgeschrittener. (vgl. Kobieter 2005: S. 23)

9 Therapie

Wenn die vorher angeführten Folgen auf den Cannabisabhängigen zutreffen und derjenige selbst erkennt, dass er abhängig ist und etwas verändern möchte, dann wird es Zeit, dass er sich Hilfe holt und eine Therapie beginnt. Es macht wenig Sinn, wenn der Cannabiskonsument nicht einsieht abhängig zu sein und somit eine Therapie verweigert. Angehörige können jemand nicht mit Drang und Zwang in eine Therapie schicken, wenn die Behandlungsbereitschaft des Patienten nicht vorhanden ist. Der Abhängige muss die Kenntnis erlangen dass die einzige Lösung eine Therapie ist, ansonsten hat die Therapie an sich keinen Sinn. Die meisten begreifen aber erst gar nicht, dass sie abhängig sind. „Ist ja nur ein Joint pro Tag." Viele denken es wäre harmlos aufzuhören. Sie merken jedoch schnell, dass es ohne dem einen „Joint" nicht mehr geht und ändern anschließend nichts an ihrem Konsumverhalten. Einige nehmen die Cannabisabhängigkeit zu wenig ernst. Für sie ist Cannabis, vergleichsweise mit anderen Drogen, harmlos. In den folgenden Unterpunkten werde ich die verschiedenen Behandlungen und Therapieformen erläutern.

9.1 Ambulante oder stationäre Entwöhnungsbehandlungen

Die Cannabisabhängigen oder die exzessiven Cannabiskonsumenten sind natürlich alle gegen einen langen Aufenthalt in Krankenhäuser. Für sie spricht alles gegen eine ambulante oder stationäre Behandlung. Sie bekommen Angstgefühle oder gar schreckliche Fantasien wenn sie über eine Behandlung nachdenken. Bei einer vollstationären Behandlung werden viele Cannabisabhängige sofort abwinken, da dies die meist gefürchtete Behandlung ist. Deshalb ist es wichtig diese zuerst richtig darüber zu informieren um ihnen vorerst die Angst zunehmen.

Da bei langfristigem Cannabiskonsum viele persönliche Probleme auftreten können, braucht es auch länger den Konsum mitsamt den Problemen wegzubekommen. Bei diesen Patienten wird ein Kurzzeitprogramm nicht wirken, weshalb es die stationäre oder ambulante Behandlung gibt. Solange eine Abhängigkeitserkrankung diagnostiziert wird, übernimmt die Krankenkassa die Kosten. Eine ambulante Behandlung beinhaltet meist 40-80 Therapiestunden.

Im Vergleich zu früher ist heutzutage bei einer ambulanten Behandlung mit weniger Erfolg zu rechnen.

Drogentherapie erfordert viel Hilfe von außen. Das Konzept der Therapie, die Einrichtung, die Therapeuten sowie die Beziehung zwischen dem Erkrankten und dem Therapeut sind wichtige Faktoren um die Therapie erfolgreich bewältigen zu können. Wenn die Chemie von Anfang an nicht stimmt, sollte ein neuer Therapeut aufgesucht werden. (vgl. Kuntz 20012: S. 266-269)

> „Kein exzessiv Cannabis gebrauchender oder süchtig abhängiger Konsument kann sich während einer Entwöhnungsbehandlung oder Suchttherapie um

schmerzhafte, traurige, sperrige, schwer aushaltbare, aber auch schöne und freudige Gefühle herumdrücken" (Kuntz 2012: S. 268).

Am schwersten behandelbar und auflösbar sind Gefühle wie Schuld und Scham, die fast jeder Cannabiskonsument mit sich bringt. Die Abhängigen schämen sich nicht nur vor anderen, sondern auch vor ihnen selber. Es braucht lange Zeit solche Gefühle zu verarbeiten, wenn sie einen Abhängigen tief belasten. (vgl. Kuntz 20012: S. 266-269)

9.2 Kurzzeitintervention

Viele der Cannabisabhängigen wollen erst gar nicht aufhören zu kiffen und versuchen es dann auf eine bequeme Art und Weise von dieser Substanz wegzukommen. Ernsthafte hilfreiche Möglichkeiten sind Interventionsprogramme wie zum Beispiel:„quit the shit, Realize it oder Candis" (Kuntz 2012: S. 265).

Der Konsument sollte danach seinen Konsum reduziert haben oder sogar völlig abstinent sein. Das Problem ist aber, dass der Erfolg mit möglichst wenig finanzielle Mitteln und in kürzester Zeit durchgeführt werden sollte. Dabei wird nicht berücksichtigt, dass „Menschen höchst individuelle Wesen sind und Veränderungen auf der Persönlichkeits- und Beziehungsebene nicht nach der Routine von tausendfach vollzogenen Blinddarmoperationen erfolgen" (Kuntz 2012: S. 266).

Die Forderungen einer Kurzzeitintervention sind: "Standardisierung, Kurzfristigkeit, Kostenreduzierung" (Kuntz 2012: S. 266).

Es ist zurzeit kein Problem für einen Cannabiskonsumenten neben standardisierten Programmen auch kostenlose Beratungsstellen zu finden. Ist diese Art von Behandlung nicht wirksam, helfen nur speziellere tiefere Behandlungsmethoden. (vgl. Kuntz 20012: S. 266)

9.3 Kognitive Verhaltenstherapie

Wie der Name schon sagt hat die kognitive Verhaltenstherapie etwas mit Kognition zu tun. Mit Kognition meint man das Denken. Kognitive Fähigkeiten sind zum Beispiel die Kreativität, die Wahrnehmung oder die Gedanken. Die kognitive Verhaltenstherapie ist heutzutage einer der modernsten Psychotherapien. Die kognitiven Therapieformen beinhalten nicht nur kognitive Therapieansätze, sondern auch verhaltenstherapeutische Ansätze. Das Denken ist ein Faktor der großen Einfluss auf unser Gefühl und Verhalten hat. Dies zeigt auch das bekannte ABC-Schema:

A: Ereignis wie zum Beispiel eine Kündigung

B: Denkmuster wie zum Beispiel „Ich übe den Beruf schlecht aus"

C: resultierende Gefühl wie zum Beispiel Trauer oder Enttäuschung

Das Gefühl ist immer abhängig von Ereignissen. Ist ein Ereignis furchtbar und negativ, dann wird man unzufrieden sein, folge dessen verspürt man eventuell Angst oder Enttäuschung. Ist eine Situation jedoch gut und erfreulich, so empfinden wir Fröhlichkeit und positive Gefühle. Wie ein altes Sprichwort besagt: „Es sind nicht Dinge, die uns beunruhigen, sondern unsere Sicht der Dinge" (Kognitive Verhaltenstherapie und Rational Emotive Therapie.).

Reaktion	schädlich	Neutral
Gedanken	„Er hat mich ignoriert – er kann mich nicht mehr leiden."	„Er hat mich gar nicht bemerkt – vielleicht bedrückt ihn etwas. Ich sollte mal wieder bei ihm anrufen und hören, wie es ihm geht."
Gefühle	Wer so denkt, fühlt sich niedergeschlagen, traurig und zurückgewiesen.	Bei diesem Gedanken kommen keine negativen Gefühle auf.
Verhalten	Dieser Gedanke hat zur Folge, dass man den Bekannten in Zukunft meidet, obwohl die eigene Vermutung völlig falsch sein könnte.	Dieser Gedanke führt dazu, dass man mit dem Bekannten Kontakt aufnimmt und nachfragt, ob alles in Ordnung ist.

Die Verantwortung über unsere Gefühle tragen wir Menschen selbst. Wie das ABC-Schema zeigt, kann das Ereignis (A) nicht verändert werden. Jedoch kann die

Sichtweise und das Denkmuster (B) verändert werden (vgl. https://www.palverlag.de/Kognit.-Verhaltenstherapie.html).

Abbildung 1: Gegenüberstellung von den zwei Denkmustern

Sowie bei den anderen Therapien muss der Cannabisabhängige aktiv bei der Therapie mitarbeiten um sie erfolgreich abschließen zu können.

Der erste Therapieschritt ist das Gespräch mit dem richtigen Therapeuten. Es kann oft auch erst der zehnte Therapeut, der richtige sein. So eine Suche braucht viel Zeit und Geduld. Wurde dieser gefunden wird erstmals gemeinsam ein Therapieplan erstellt. Bei der kognitiven Verhaltenstherapie wird der Erkrankte gebeten seine Gedanken niederzuschreiben. Hat er dies gemacht, werden diese abschließend besprochen. (vgl. Kognitive Verhaltenstherapie. 2013)

> „Schätze ich die Dinge angemessen und realistisch ein? Was geschieht, wenn ich mich in einer bestimmten Situation anders verhalte als sonst?" (Kognitive Verhaltenstherapie. 2013).

Das sind häufig gestellte Fragen. Das Ziel dieser Therapie ist es, das alte Verhaltens- und Denkmuster zu „vergessen" und ein neues zu „erlernen". Diese Therapieform ist im Gegensatz zu den meisten Psychotherapien eine nicht langandauernde Behandlung. Jedoch ist jeder Patient individuell, somit kann diese Therapie ganz unterschiedlich lange dauern. Schlussendlich noch zu den Kosten: Die kognitive Verhaltenstherapie wird normalerweise von der Krankenkasse bezahlt. Jedoch kann es länger andauern einen Therapieplatz zu bekommen, da es auch eine Weile braucht die Behandlung genehmigt zu bekommen. (vgl. Kognitive Verhaltenstherapie. 2013)

10 Fazit

Im Laufe dieser Arbeit wurden die Droge Cannabis, sowie ihre Eigenschaften, als auch ihre Gefahren präsentiert. Anfangs war ich sehr bemüht meine vorwissenschaftliche Arbeit hauptsächlich über die Therapie der Cannabisabhängigkeit zu verfassen. Nach langen Recherchen und Besuchen verschiedener Bibliotheken musste ich jedoch rasch zur Kenntnis nehmen, dass die Therapieformen dieser Abhängigkeit sehr unerforscht sind und es wenig Literatur darüber gibt. Durch die Recherche bin ich auf andere wichtige Themen, die die Pflanze Cannabis betreffen, gestoßen, welche auf keinen Fall außer Acht gelassen werden dürfen. Anfangs beschreibt sich die Pflanze Cannabis als harmlos. Anhand der Studien über die beliebteste illegale Droge, stellte ich jedoch schnell fest, dass sie auch sehr gefährliche Seiten hat und Konsumenten rasch abhängig werden. Offensichtlich ist der einzige Weg, die Prozentzahl der Cannabiskonsumenten durch Präventionsmaßnahmen zu senken. Meiner Meinung nach sollte deshalb an diesem Platz am meisten investiert werden. Kommt der Konsument nämlich gar nicht erst zur Abhängigkeit, so wird er auch keine Therapie benötigen. Wenn er schon an einer Abhängigkeit leidet, kann die tertiäre Präventionsmaßnahme das Leben des Abhängigen verschönern. Falls das nicht hilft, kann der Patient nur noch mehr mit einer Therapie gerettet werden. Es ist somit höchste Zeit, dass spezifische Therapieangebote für Cannabisabhängige angeboten werden, da die Droge immer mehr an Kult gewinnt und die Konsumenten immer stärker für eine Legalisierung stimmen.

11 Literaturverzeichnis

Primärliteratur

Kuntz, Helmut (2012): Haschisch. Weinheim und Basel: Beltz Verlag.

Kleiber/Dieter, Kovar/Karl-Artur (1998): Auswirkungen des Cannabiskonsums. Stuttgart: Wissenschaftliche Verlagsgesellschaft

Mayer, Maria (1987): Cannabiskonsum. Wien.

Sekundärliteratur

Monographie:

Kobieter, Stephan (2005): THC-Abhängigkeit und Interventionsmöglichkeiten für die soziale Arbeit. Grin Verlag Gmbh

Internet:

(2009): Wenn da nicht diese Entzugserscheinungen wären. [online] http://www.drugcom.de/topthema/januar-2009-wenn-da-nicht-diese-entzugserscheinungen-waeren/ [08.02.2016]

(2000): Auswirkung des Cannabiskonsums. [online] http://www.drogen-aufklaerung.de/auswirkungen-des-cannabiskonsums#psychische-und-soziale-konsequenzen [08.02.2016]

Neumaier Judith (2003): Probleme und Folgeschäden bei Cannabiskonsum. [online] https://www.tk.de/tk/andere-suechte/cannabis/probleme/165040 [08.02.2016]

Wolf Doris: [online] https://www.palverlag.de/Kognit.-Verhaltenstherapie.html [08.02.2016]

IQWiG (2013): Kognitive Verhaltenstherapie. [online] https://www.gesundheitsinformation.de/kognitive-verhaltenstherapie.2136.de.html [08.02.2016]

Cannabis – Wirkung, Nebenwirkungen und Risiken [online] https://hanfverband.de/inhalte/cannabis-wirkung-nebenwirkungen-und-risiken [08.02.2016]

12 Abbildungsverzeichnis

Abb. 1: Beispiele für schädliche und neutrale Denk- und Verhaltensmuster. IQWiG 2013: [online] https://www.gesundheitsinformation.de/kognitive-verhaltenstherapie.2136.de.html [08.02.2016]